CONTRIBUTIONS

à l'Histoire naturelle de la Haute-Saône

NOTES D'ORNITHOLOGIE

DEUXIÈME SUPPLÉMENT

Par **Paul PETITCLERC**

VESOUL
IMPRIMERIE DE A. SUCHAUX
1892

CONTRIBUTIONS

à l'Histoire naturelle de la Haute-Saône

NOTES D'ORNITHOLOGIE

DEUXIÈME SUPPLÉMENT

Par **Paul PETITCLERC**

VESOUL
IMPRIMERIE DE A. SUCHAUX
1892

CONTRIBUTIONS

à l'Histoire naturelle de la Haute-Saône

NOTES D'ORNITHOLOGIE

DEUXIÈME SUPPLÉMENT

Fidèle au programme que je me suis imposé, je mets aujourd'hui sous les yeux de mes collègues de la Société d'agriculture, sciences et arts de la Haute-Saône, qui ont jusqu'ici favorablement accueilli mes modestes travaux sur l'Ornithologie, les notes et renseignements que j'ai pu recueillir, dans le cours des deux années de chasse 1890-1891 et 1891-1892, sur les faits et gestes de la gent emplumée qui vient nous visiter plus ou moins régulièrement, en opérant ses migrations.

OISEAUX DE PROIE DIURNES

CIRCAETE JEAN-LE-BLANC — *CIRCÆTUS GALLICUS*

VIEILL. ex GMEL.

Vulg. Aigle Jean-le-Blanc.

Bien que rares, trois oiseaux de cette belle espèce d'Aigle ont encore été capturés depuis que j'ai publié le premier supplément de mes notes sur l'Ornithologie du département de la Haute-Saône ; les deux premiers à Sorans-les-Breurey, le troisième sur le territoire d'Abbenans (1).

Au commencement du printemps de 1891, un couple de Jean-le-Blanc vint se fixer dans les bois qui dépendent du château de M. le marquis de Perthuis, et se mit à édifier son aire sur un gros hêtre, à proximité de la garenne du parc.

Drezet, un des gardes du marquis, qui avait remarqué les nombreuses allées et venues des deux rapaces et s'était ému de leurs déprédations, les affûta un jour : c'était le 23 avril.

Le matin, de bonne heure, il put tuer le mâle sur le nid, et, le soir du même jour, la femelle. Après être monté sur l'arbre pour se rendre compte de l'état et du contenu du nid, il n'y trouva qu'un seul œuf, qu'il cassa malheureusement en opérant sa descente. Une fraction d'un autre œuf était restée collée à la partie postérieure du corps de la femelle.

Les deux Aigles furent de suite expédiés à M. Constantin, à Thieffrans, où nombre d'amateurs ont pu les examiner pendant qu'ils étaient au montage.

(1) Abbenans est bien une commune du Doubs ; mais l'action s'est passée tellement près des terres limites de notre département, que j'ai pensé ne pas devoir laisser ignorer le fait.

L'un d'eux mesurait 1^{m}81 d'envergure ; l'autre 1^{m}78 ; ils pesaient chacun environ 2 kilog. 400.

Quant au troisième Jean-le-Blanc ♂ (1), il a été abattu d'un seul coup, avec une cartouche de plomb n° 9, sur un chêne, au mois de septembre 1890, par un nommé Fichet, dans les grands bois de la commune d'Abbenans (2). Ce sont les criailleries des pies et des geais qui, en attirant l'attention du chasseur, furent la cause de la mort de cet Aigle, dont la taille dépassait 64 centimètres.

Depuis plusieurs mois, cet oiseau avait été aperçu dans le pays ; mais personne, jusqu'à ce jour, n'avait encore eu la bonne fortune de l'approcher.

Monté également par M. Constantin, il est aujourd'hui en la possession de M. Jules Receveur, notaire à Cuse.

J'ai, en outre, à signaler la capture d'un quatrième Jean-le-Blanc tué sur le territoire de la commune de Cuse, il y a deux ou trois ans, entre le bois de Cachotte et les Vignottes.

BUSE VULGAIRE — *BUTEO VULGARIS*

BECHST. ex LINN.

Le 15 mars 1891, dans une visite que je rends à M. Constantin, à Thieffrans, je remarque, parmi les pièces qu'il a reçues de différents côtés, une forte Buse dont la tête, la gorge, les couvertures des ailes et la poitrine sont presque absolument blanches. J'apprends alors que ce beau spécimen a été pris au fer dans les propriétés de M. le marquis de Perthuis (3).

(1) Le signe ♂ veut dire : mâle ; le signe ♀ : femelle.

(2) Ce renseignement m'a été très obligeamment communiqué par M. Emile Girardot, de Cuse, qui a fait tout exprès, pour m'être agréable, la course de Cuse à Abbenans, et s'est assuré de la véracité du fait.

(3) Il n'est pas sans intérêt de savoir que M. le marquis de Perthuis détruit chaque année, sur ses terres, un nombre assez considérable d'oiseaux et de bêtes nuisibles. Pendant la saison de chasse 1890-1891, il a pris, tué ou fait tuer : 27 buses, 5 busards, 1 milan royal, les deux aigles dont il vient d'être question, 11 blaireaux, 29 renards, et quantité de fouines, putois, hermines, belettes.

MILAN ROYAL — *MILVUS REGALIS*

Briss.

M. Jules Brésard, notaire à Cenans, tue, dans la prairie de cette localité, au mois de septembre 1890, une femelle de Milan ; elle planait au-dessus des marais formés par les débordements de l'Ognon.

De leur côté, les gardes de M. le marquis de Perthuis trouvent, le 31 octobre de la même année, dans un piège tendu à l'adresse des oiseaux de rapine, un superbe Milan ♀ adulte, que j'ai eu entre les mains. Son envergure totale était de 1m60, sa taille de 65 centimètres, son poids de 1 kilog. 120.

M. Constantin, en me mettant au courant des habitudes du Milan, m'a affirmé que celui-ci se laissait prendre au drap rouge, comme une simple grenouille ; ceci est de la plus grande exactitude.

M. Lacordaire, alors qu'il habitait le département des Landes, put ainsi prendre plusieurs Milans en amorçant certains pièges avec des morceaux d'étoffe. Ce qui l'avait engagé à agir de la sorte, c'est qu'un jour, un de ses employés de la télégraphie aérienne, tailleur de son état, chargé de confectionner des pantalons pour la troupe, s'était aperçu que, chaque fois qu'il jetait des rognures de drap rouge en dehors d'une fenêtre qui donnait sur la campagne, des Milans (dont il ne soupçonnait nullement la présence) fondaient dessus avec la rapidité de l'éclair, prenant sans doute ce drap pour une proie vivante.

MILAN NOIR — *MILVUS NIGER*

Briss.

Plusieurs chasseurs de Ray-sur-Saône, et en particulier MM. Edmond et Albert Blass, ont vu, à plusieurs reprises, dans le courant du mois de mai 1891, un Milan (1) voler au-dessus des îles situées à l'entrée de ce bourg, et suivre ensuite le cours sinueux de la Saône, rasant l'eau de très près pour chercher à happer quelque poisson. Ce Milan, paraît-il, se tiendrait cantonné dans les bois de Vellexon qui appartiennent à M. le duc de Marmier.

Le 9 juin suivant, vers les deux heures de l'après-midi, mon ami Albert Blass, en traversant le beau pont de fil de fer de Gray, a aperçu, à moins de 30 mètres en l'air, un Milan noir qui, après avoir tournoyé un instant au-dessus de sa tête, a remonté lentement la Saône, sans se préoccuper le moins du monde des gens qui passaient et des bateaux qui manœuvraient pour entrer en ville.

FAUCON COMMUN — *FALCO COMMUNIS*

GMEL.

Vulg. Faucon pèlerin.

Le Faucon pèlerin n'apparait que très accidentellement dans notre département ; il est moins rare dans les Vosges. On s'en servait beaucoup autrefois en fauconnerie pour chasser le lièvre.

Celui que j'ai examiné chez M. René Bidaux, le 11 septembre 1891, était un très beau mâle, bien en chair et en plumes, dont la taille dépassait 38 centimètres ; il pesait exactement 820 grammes.

Il venait d'être apporté par M. le capitaine trésorier de notre régiment de chasseurs, qui l'avait surpris et tué près du bois de Moussère, en vue d'Andelarre, au moment où il était très occupé à déchiqueter un pigeon domestique.

(1) Je ne serais pas éloigné de croire que ce Milan fût la femelle de l'individu qui fait partie de ma collection, et a été tué, on se le rappelle, par M. Louis Charpiot, le 11 avril 1890, sur les bords de la Saône.

Notes d'Ornithologie, premier supplément, 1890-1891.

AUTOUR ORDINAIRE — *ASTUR PALUMBARIUS*

BECHST. ex LINN.

Le 30 juillet 1891, un jeune mâle d'Autour se prend les pattes dans les grillages de la porte qui sépare la basse-cour du jardin de M. Perrin, à Pontcey ; il cherchait à s'emparer d'un canard, qui en fut heureusement quitte pour la peur.

Aperçu aussitôt par un des garçons du moulin, l'oiseau de proie, qui se démenait comme un forcené, est bien vite décroché, mis en cage et apporté vivant à M. G. Raumains, qui le dirige, séance tenante, sur Thieffrans, à l'adresse de notre préparateur ordinaire.

Un chasseur de Villersexel, dont le nom ne m'a pas été donné, a capturé, dans la deuxième quinzaine du mois d'août 1891, et sur le parterre d'une coupe en exploitation du bois d'Esprels, deux Autours, à quelques jours d'intervalle.

L'un de ceux-ci se baignait dans une petite fontaine au moment où il a reçu le coup de fusil ; blessé à l'aile, il a pu être présenté encore vivant à M. G. Renaudin, pharmacien à Villersexel, qui a tenu à le faire monter par M. Constantin.

Dans les premiers jours du mois d'octobre suivant, M. Blass était au miroir ; il recherchait, aidé de son tireur de ficelle, trois alouettes qui étaient tombées sous ses plombs et se faisaient introuvables, lorsque soudain il se sentit enveloppé par une bande de ramiers composée d'une quinzaine d'individus qui ne savaient où donner de l'aile. M. Blass, en relevant vivement la tête pour savoir ce que signifiait tout ce tapage, vit un Autour qui serrait de très près les fuyards et passait à quelques mètres seulement de lui.

Rien n'était plus facile à notre chasseur que de lui faire payer cher son audace ; mais, étourdi par le bruit de cette avalanche d'oiseaux, il ne songea pas le moins du monde à se servir de son arme.

L'Autour, ayant manqué son pigeon, regagna prestement le bois de Ray-sur-Saône pour y préparer, selon toute probabilité, un nouveau coup de sa façon.

BUSARD SAINT-MARTIN — *CIRCUS CYANEUS*

BOIE ex LINN.

En me rendant de Pusey au hameau de Bas-de-Crotte, le 29 avril 1891, j'ai aperçu un de ces Busards chasser dans les saules qui bordent le petit ruisseau appelé la Vaugine.

Le 3 septembre suivant, M. Albert Blass tue, dans une jeune coupe du bois de M. le duc de Marmier, sur Ray-sur-Saône, un jeune Busard Saint-Martin. Tiré à trop courte distance avec une cartouche longue, il fut littéralement mis en charpie et perdu pour nos collections.

BUSARD CENDRÉ — *CIRCUS CINERACEUS*

NAUM. ex MONTAG.

Vulg. Busard Montagu.

Le 30 mai 1891, M. Abel Lamboley m'a apporté très complaisamment deux Busards Montagu ♂ et ♀ fusillés par lui, la veille, à 15 ou 20 minutes d'intervalle, dans les plantations de Saramboz qui touchent à la forêt communale d'Auxon.

Ces oiseaux, qui depuis longtemps tenaient le pays et détruisaient beaucoup de menu gibier, paraît-il, avaient un nid placé à terre, dans de grandes bruyères ; ce nid, composé simplement de petites branches et de buchettes, contenait cinq œufs d'un blanc presque pur, sans aucune tache.

La femelle a été tuée la première ; elle est d'une couleur peu ordinaire. C'est un très vieux sujet ; tout son plumage est d'un beau roux foncé uniforme qui lui donne un air très original. Elle fait partie de ma collection.

Le mâle, que j'ai offert à M. Charles Jeannolle, de Vauvillers, était encore gorgé de nourriture lorsque je l'ai reçu des mains de M. Lamboley ; je lui ai fait rendre des coquilles d'œufs (1), ainsi que les restes d'une alouette ordinaire.

A cette même place où M. Abel Lamboley a capturé ces deux Busards, son frère M. Valère avait déjà abattu, deux années plus en avant, un mâle de Montagu.

OISEAUX DE PROIE NOCTURNES

HIBOU BRACHYOTE — *OTUS BRACHYOTUS*

BOIE EX GMEL.

Le 26 novembre 1890, je trouve sur notre marché un Hibou Brachyote tué de la veille au bois de Vellefaux par un chasseur de cette localité.

Le 28 février 1891, M. Saccard, huissier à Vesoul, rapporte du bois de Navenne un autre Hibou, que M. R. Bidaux envoie au montage à Troyes.

HIBOU VULGAIRE — *OTUS VULGARIS*

FLEMM.

Vulg. Moyen-Duc.

Cette espèce est de beaucoup la plus répandue dans le département. En l'année de chasse 1890-1891, il a été tué, à ma connaissance, une vingtaine de sujets, presque tous à la relevée ou à la passe de la bécasse.

Bien que le Moyen-Duc, pressé par la faim, chasse et prenne quelquefois les petits oiseaux, il est de règle, parmi les chasseurs qui se respectent, de l'épargner, car c'est un

(1) Je ne m'explique pas la présence de ces débris de coquilles.

destructeur émérite de mulots et de campagnols. Mais le malheureux oiseau, en venant le soir folâtrer, sans bruit, sur les grands chemins et les tranchées où l'on a l'habitude de se poster pour attendre la bécasse, est souvent pris pour celle-ci, surtout lorsque le temps est sombre et pluvieux. Souvent alors il reçoit le coup de fusil qui était destiné à la dame au long bec, et, au lieu d'être servi pompeusement sur la table de nos gourmets citadins, est cloué misérablement, les ailes en croix, sur quelque méchante porte de grange.

Plus d'une fois, étant à l'affût de la bécasse le soir, j'ai été témoin de discussions fort vives entre chasseurs campagnards ; il s'agissait invariablement d'une bécasse que ces désagréables voisins venaient de tirer ensemble, de faire choir, et que chacun d'eux réclamait avec autorité comme sienne.

L'oiseau ramassé, ou rapporté non sans répugnance par les cagnets de nos villageois, n'était autre qu'une pauvre Chouette à aigrettes qui ne valait certainement pas le plomb qu'elle avait reçu dans le corps.

A la vue de ce piètre gibier, tous de se récrier et de reprendre piteusement et tête basse le chemin du village, tout en maugréant et en pestant contre la mauvaise chance qui les poursuivait.

PASSEREAUX

PIC-ÉPEICHETTE — *PICUS MINOR*

LINN.

Les Pics ont été moins communs en 1891 que les années précédentes. Je ne vois guère à citer qu'une Épeichette tuée à Amance par M. Joly, notaire, dans la deuxième semaine de mars.

TICHODROME ÉCHELETTE — *TICHODROMA MURARIA*

ILLIG. ex LINN.

Vulg. Grimpereau de muraille, Papillon de roche.

Pendant les vacances de Pâques de l'année 1883, M. Joseph Arquinet m'a dit avoir tiré et tué un Tichodrome avec une simple sarbacane à feu, contre le tronc d'un des peupliers d'Italie qui bordent le chemin de la voirie.

Un autre individu aurait été pris à Villersexel en mars 1890.

GEAI ORDINAIRE — *GARRULUS GLANDARIUS*

VIEILL. ex LINN.

Les Geais se sont montrés, pendant l'automne de 1891, très nombreux ; cela tient sans doute à ce que les glands, dont ces passereaux sont très friands, étaient extrêmement abondants dans nos forêts.

M. de Trévillers a su profiter de cette aubaine, et, bien que le Geai ne constitue pas un manger de premier ordre, mon honorable correspondant s'est donné le plaisir d'une chasse au reclin ; il en a tué et fait tuer des douzaines dans les petits bois de Grattery.

Pour ne pas avoir un mets coriace et sans goût, M. de Trévillers laisse remettre et reposer au garde-manger son gibier encore couvert de sa plume, et cela pendant au moins cinq à six jours.

Le Geai vient très bien à la feuille de lierre ; il approche sans méfiance à quelques mètres seulement du chasseur, qui, embusqué derrière une cépée ou un gros arbre, n'a qu'à élever son fusil et à faire feu sur l'oiseau qui se découvre le mieux (1).

(1) En 1861, je me rappelle avoir fait tuer en frouant, par un de mes anciens condisciples que j'ai perdu de vue depuis la guerre de 1870, dix-huit Geais de suite

Si, au cours de ce sport qui a bien son charme, il survient une Mésange, le Geai n'arrive plus ; les cris de la Mésange semblent lui indiquer qu'il y a péril pour lui d'avancer.

En discourant avec moi sur les mœurs et habitudes du Geai, M. de Trévillers m'a rappelé que, lorsqu'ils chassaient avec le grand filet battant qui n'est plus employé de nos jours, et qui comprenait un arsenal complet de nappes, pieus, cages, mutes, les vrais oiseleurs portaient un fusil dans leur baraque de feuillage, uniquement pour se débarrasser des Mésanges qui, une fois prises dans les mailles des nappes, parvenaient à s'esquiver et à jeter l'épouvante au milieu de la gent ailée qui voletait autour des appelants.

Il a été maintes fois constaté que, quand une Mésange quelconque (bleue, charbonnière ou huppée), après avoir été prise sous le filet, était maladroitement relâchée, le chasseur se voyait obligé, sous peine de revenir bredouille, de tirer à plombs sur l'agaçante petite bête qui se hâtait de semer l'effroi autour d'elle et d'éloigner tous les oiseaux du voisinage.

Je ne veux pas quitter le Geai sans raconter à son endroit le trait curieux que m'a cité dernièrement M. Houette, professeur de musique au lycée.

M. Houette a le double talent de savoir la musique et de pouvoir l'apprendre aux autres ; il a eu aussi, dès le jeune âge, la passion d'élever des oiseaux.

Alors qu'il était en garnison à Provins, on lui apporta un jour toute une nichée de Geais : il y en avait six.

Ce n'était pas chose facile que de nourrir toutes ces bouches ; M. Houette s'en tira à merveille en donnant à ses élèves de la soupe régimentaire à discrétion.

sur le même chêne, au petit bois communal de Chassey-les-Scey appelé La-Côte. Ce jour-là, il y avait un passage extraordinaire de ces oiseaux ; c'était le 5 octobre ; tous les boqueteaux qui s'étendent d'Ovanches à Ferrières-les-Scey en foisonnaient littéralement.

Il avait son idée ; mais ses camarades de chambrée riaient sous cape, et ne se doutaient en aucune façon du parti qu'il pourrait jamais tirer de semblables oiseaux, qui ne songeaient qu'à assouvir leur vaste appétit.

Lorsque M. Houette vit ses Geais bien emplumés et disposés à recevoir une première leçon de musique, il saisit son violon, et se mit à jouer devant eux l'air bien connu de : « Au Clair de la lune, » sur deux cordes.

Pendant un certain temps, il leur répéta le même air.

Enfin, il crut remarquer qu'un de ses pensionnaires paraissait prendre goût à la leçon, et hochait fréquemment la tête tantôt à droite, tantôt à gauche.

Convaincu qu'avec ce sujet et une bonne dose de patience il pourrait tenter quelque chose, M. Houette se débarrassa des autres au profit de l'ordinaire des élèves musiciens de son régiment, et continua à jouer devant l'oiseau qui lui avait donné des preuves de son intelligence.

L'éducation fut nécessairement longue. Un beau matin cependant, notre Geai, en l'absence de son maître, se mit à répéter exactement les huit premières mesures du duo qui lui avait été seriné tant de fois. Il le fit d'une manière si convenable et si précise, que les personnes qui se trouvaient dans la pièce voisine crurent entendre le coup d'archet du professeur.

On se risqua néanmoins à entr'ouvrir la porte du logement de M. Houette ; le Geai seul l'occupait pour le moment ; quant au violon, il gisait dans sa boîte.

Il n'y avait donc pas à en douter, cette fois c'était bien le Geai qui avait parlé ; il fallut, bon gré mal gré, se rendre à l'évidence.

Le professeur, averti aussitôt de l'événement qui avait mis en émoi toute la chambrée, ne revenait pas de son contentement. Il fut bientôt accablé de visites et débordé de demandes importunes.

Le capitaine adjudant-major lui-même demanda à voir le phénomène ; déjà on avait pris jour. La veille de la présentation, une ordonnance s'avisa maladroitement de servir au Geai des amandes vertes, sans en détacher l'enveloppe ; celui-ci, en les avalant gloutonnement, s'étouffa net.

M. Houette trouva son protégé étendu sur le dos, au bas de son perchoir ; il avait le bec ouvert, et laissait voir l'amande qui était restée fixée à la naissance de la gorge.

Ainsi finit l'oiseau qui sut siffler seul un duo. Pendant nombre d'années, M. Houette renouvela ses tentatives pour faire chanter les Geais qu'il continuait à élever, mais jamais il ne put arriver aux mêmes résultats.

PIE-GRIÈCHE D'ITALIE — *LANIUS MINOR*

GMEL.

Ma collection s'est augmentée en 1891 de deux de ces passereaux ♂ et ♀ tués à Thieffrans, dans le mois de mai ; ils avaient niché dans le verger de M. Lancien, ce qui doit leur arriver rarement.

M. Constantin m'a fait dire qu'il en avait monté une paire, à la même époque, qui lui avait été adressée de Larians.

Le 10 juillet, en passant près de l'enclos réservé à l'équarrisseur, j'ai suivi, pendant quelque temps, une Pie-Grièche d'Italie qui volait d'arbre en arbre, sans se laisser trop approcher.

Le 27 mai de l'année précédente, j'en avais déjà rencontré une sur les grands peupliers qui bordent la route de Luxeuil, entre Comberjon et la gare de Colombier.

PIE-GRIÈCHE ÉCORCHEUR — *LANIUS COLLURIO*

LINN.

Cette espèce est très commune dans les environs de Ray-sur-Saône et de Vanne ; elle affectionne les routes et chemins bordés de buissons, et se perche sur les plus hautes branches, d'où elle épie les insectes et petits animaux qui composent le fond de sa nourriture.

Elle a la singulière habitude d'embrocher ses victimes, parfois même des lézards ou de grosses sauterelles, aux épines de certains arbrisseaux. Lorsque la faim la presse, elle va puiser largement dans cette réserve, qui est pour elle un véritable garde-manger.

La Pie-Grièche écorcheur nous arrive avec le Martinet noir ; elle part vers le 15 août ; à l'ouverture de la chasse, on la chercherait vainement : il n'en reste plus.

MOINEAU DOMESTIQUE — *PASSER DOMESTICUS*

Briss.

M. Boileau, de Mailley, tue, en février 1891, le long d'un chemin embuissonné, un moineau entièrement blanc qui, pendant plusieurs semaines, avait été traqué par tous les chasseurs de l'endroit.

Lorsque je l'ai examiné, il lui manquait une partie de la queue, qu'il avait sans doute perdue à la bataille.

BEC-CROISÉ ORDINAIRE — *LOXIA CURVIROSTRA*

Linn.

Nous n'avons pas eu de passage de Becs-Croisés ; ce n'est qu'à Rigney, dans le Doubs, que M. Demandre, qui voyage et observe beaucoup, en a aperçu, dans le commencement du mois de juillet, quelques rares petites bandes de quatre à six individus ; elles volaient haut et vite. La bande qui avait eu un instant la velléité de s'arrêter dans sa propriété en est bien vite repartie ; elle ne trouvait pas de quoi se nourrir, les cônes manquant absolument sur les pins.

GROS-BEC VULGAIRE — *COCCOTHRAUSTES VULGARIS* VIEILL.

Dans les journées des 27 et 28 avril 1891, de grosses bandes de Gros-Becs passent au-dessus des jardins de M. F. Galmiche et de la préfecture ; l'une d'elles s'abat même à quelques mètres de ma fenêtre, sur les thuyas de la terrasse de mon père, et aussi sur le grand orme du potager, à ce moment chargé de graines. Tous ces oiseaux, affamés sans doute à la suite d'un long jeûne, se laissent facilement approcher, sans prêter la moindre attention aux allées et venues des personnes de la maison.

ALOUETTE DES CHAMPS — *ALAUDA ARVENSIS* LINN.

MM. Eugène Piquenet et Pinard, de Marnay, lèvent, au commencement du mois de septembre 1891, entre Marnay et Avrigney, une Alouette entièrement blanche.

Il fut de suite convenu entre les deux chasseurs que, si l'on parvenait à la retrouver, elle me serait adressée pour mes collections.

M. Piquenet la leva dans le même cantonnement, le lendemain ; mais, comme à ce moment la chaleur était accablante, il n'osa la tirer, dans la crainte de la voir se perdre et se gâter pendant le trajet de Marnay à Vesoul.

On attendit encore plusieurs jours, puis tant et si bien que l'Alouette, fatiguée d'être toujours dérangée, finit par décamper, au grand regret de M. Piquenet.

HOCHEQUEUE GRISE — *MOTACILLA ALBA*

LINN.

Vulg. Lavandière, Bergeronnette grise.

Comme en 1890, un couple de Bergeronnettes a édifié son nid dans une touffe de capillaire garnissant le mur qui entoure la pièce d'eau de la propriété de M. Galmiche.

De cette touffe, qui surplombe la nappe liquide, on voit sortir tantôt le mâle, tantôt la femelle, qui viennent se poser sur des feuilles de nénuphar blanc, d'où ils happent fort adroitement les petits insectes qui passent à leur portée, tout en balançant leur longue queue.

LORIOT JAUNE — *ORIOLUS GALBULA*

LINN.

L'élevage du Loriot présente de grandes difficultés, en ce sens que la nourriture de ce passereau consiste presque exclusivement en insectes et en baies dont il fait une large consommation pendant les quelques mois qu'il consent à passer dans nos bois, et qu'il n'est pas possible de lui procurer ce genre d'alimentation dans le cœur de l'hiver.

D'un autre côté, au moment de la migration, ces beaux oiseaux, en proie à la fièvre du départ, se démènent tellement dans les cages étroites où ils sont obligés de vivre, qu'ils s'arrachent toutes les plumes, se frappent la tête contre les barreaux de leur prison, et finalement tombent et meurent d'épuisement, sans avoir revu le pays du soleil.

On s'accorde généralement à dire que le Loriot ne peut pas passer plus de deux à trois mois en cage ; c'est du reste ce que m'a encore affirmé, en octobre 1891, M. Constantin, qui a suivi de près toutes les tentatives faites par son savant ami M. Lacordaire.

M. Roussel, concierge actuel de la mairie, a cependant

découvert le secret de conserver chez lui des Loriots d'une année à une autre.

A force d'essais, de patience, il a fini par leur trouver une nourriture qui soit acceptée avec facilité par eux, et qui soit en même temps assez substantielle pour leur permettre de passer les gros hivers de notre zone, sans en paraître incommodés.

Après avoir tâtonné pendant longtemps, M. Roussel s'est arrêté à une pâtée dont il a bien voulu me donner la composition, et qui lui a toujours réussi. Cette pâtée est un mélange fait, dans des proportions convenables, de farine de maïs (vulg. gaudes), de carottes et de viande crue hachée.

Ses oiseaux mangent avec beaucoup de plaisir cette pâtée, qui doit être renouvelée chaque jour ; ils semblent même la préférer aux baies sèches, auxquelles parfois ils ne veulent pas toucher. Pendant la saison des cerises, il va sans dire qu'ils en sont largement approvisionnés.

A l'époque où j'ai présenté à M. Constantin les Loriots de M. Roussel, le 4 octobre 1891, ceux-ci étaient en parfaite santé, bien en plumes et peu sauvages. Le plus âgé des deux, pris au nid dans la deuxième quinzaine de juin 1890, avait par conséquent quinze mois et demi (1).

A ce moment, il était encore difficile de préciser le sexe auquel il appartenait ; mais tout, dans sa livrée, laissait

(1) M. Houette, dont j'ai déjà cité le nom dans le cours de ces notes, m'a dit avoir élevé chez lui, à Verdun-sur Meuse, des Loriots jusqu'à l'âge de trois ans. Dans le but de rendre leur nourriture plus saine, il prenait le soin de recueillir chaque année, pendant l'été, de grandes quantités de sauterelles de pré qu'il faisait sécher au four et mélangeait avec une sorte de pâtée ayant à peu près la même composition que celle employée par M. Roussel. Cette pâtée n'était donnée aux Loriots qu'en hiver ; elle semblait leur convenir parfaitement et les tenait en état constant de bonne santé. Sachant que le manque d'air et d'espace est souvent la cause de la plupart des maladies qui déciment les oiseaux de volière, M. Houette laissait en pleine liberté ses Loriots dans une chambre assez spacieuse, où il avait disposé des perchoirs faits de branches de houx et de charme, sur lesquels ses pensionnaires aimaient à se poser et passaient la nuit.

supposer que c'était un mâle. Pendant les plus beaux mois de l'été, mais le matin seulement, il avait chanté comme s'il eût été en pleine liberté, au grand contentement de son maître.

Aucune mue n'avait été constatée chez lui ; à peine M. Roussel, en faisant la toilette des cages, avait-il eu l'occasion d'enlever quelques petites plumes insignifiantes.

Pour empêcher du reste ses Loriots de faire de trop grandes évolutions dans leur cage et de se frapper la tête contre le toit grillagé de leur prison, aux époques critiques de la migration, le concierge de la mairie, en homme intelligent, avait eu la précaution de garnir l'intérieur de ses cages avec des feuilles minces de carton teinté, tout en laissant aux oiseaux un jour suffisant. Ceux-ci, trompés par une demi-obscurité et par le calme qui régnait autour d'eux, étaient fort peu agités et paraissaient supporter assez gaiement leur captivité.

Ce n'est qu'à partir des derniers jours du mois de janvier 1892 que les Loriots de M. Roussel commencèrent à perdre de leur vigueur et à maigrir ; ils succombèrent bientôt, l'un après l'autre, dans la première semaine de février, à quelques jours d'intervalle.

Il est probable que, si leur alimentation avait pu être modifiée, changée à ce moment, il eût été possible de les faire vivre plusieurs années encore.

M. de Trévillers a fait une remarque assez singulière sur de jeunes Loriots tués au fusil, sur des cerisiers, et ramassés séance tenante ; il s'est aperçu qu'aussitôt à terre, des mouches plates, de la grosseur de celles qui, pendant la belle saison, hantent nos maisons, mais de couleur plus claire, s'échappaient des plumes du cou et du dos de ses victimes. Cette sorte de mouche semblait vivre en parasite sur les Loriots et se nourrir des pellicules blanches dont les jeunes sont garnis au sortir du nid.

Ce fait a-t-il été constaté sur d'autres espèces ? Je ne saurais l'affirmer !

MERLE A PLASTRON — *TURDUS TORQUATUS* LINN.

Vulg. Merle à collier.

Pendant les mois de septembre et d'octobre 1890, on a pu tuer quelques Merles à plastron ; j'en ai vu plusieurs sur notre marché. A Besançon, où il en passe beaucoup plus qu'ici, il y en avait des glanes entières chez les marchands de comestibles et les restaurateurs.

Dans la première huitaine d'octobre, MM. Blass ont décroché quatre de ces beaux Merles dans leurs jardins et autour du château de M. le duc de Marmier.

MÉSANGE BLEUE — *PARUS CÆRULEUS* LINN.

Les Mésanges désertent maintenant nos jardins ; c'est à peine s'il nous en reste quatre ou cinq couples. En les voyant arriver nombreuses à la fin de mars, j'espérais que quelques-unes se décideraient à nicher dans les nids artificiels que M. Galmiche avait fait placer sur certains arbres de sa propriété. Je me trompais.

Il leur faut, paraît-il, des nids presque spéciaux, faits de fortes branches coupées en forêt et déjà creusées par d'autres oiseaux de la famille des Pics, comme l'explique feu M. F. Lescuyer, de Saint-Dizier, dans son intéressante brochure sur l'architecture des nids.

Les Mésanges méritent à tous égards d'être respectées ; ce sont les éliminateurs par excellence de tous les insectes qui dévastent nos parterres et compromettent la plupart du temps la récolte des fruits et des légumes.

M. Lescuyer, qui était un ornithologue très distingué et en même temps l'ami de M. Chevassu, vice-président actuel de la Société d'agriculture, sciences et arts, avait calculé qu'un couple de Mésanges, pendant l'élevage de sa famille, qui se compose ordinairement de huit ou dix sujets, pouvait détruire, en une seule journée, jusqu'à 1,200 insectes de tous ordres.

Il lui avait été facile de faire ce calcul minutieux en apparence, car le susdit couple était venu nicher, le 16 avril 1871, dans une statue de fonte de son jardin.

Cette statue, haute de 2 mètres, représentait une jardinière soutenant une cruche sur sa tête à l'aide de son bras gauche ; elle se trouvait en face et à quelques mètres de la fenêtre du cabinet de travail de M. Lescuyer, qui, on le voit, était très favorablement placé pour observer et compter les entrées et sorties des habitants de sa statue.

Les Mésanges avaient vu que les bras et le corps de la statue étaient creux ; en conséquence, elles décidèrent que leur nid serait établi sous l'épaule du bras gauche. Il était, il est vrai, difficile de pénétrer jusqu'à l'emplacement qu'elles avaient choisi ; il fallait, pour cela, descendre à 60 centimètres et, comme dans un puits, passer par l'orifice du col, qui n'avait que 15 millimètres de diamètre, puis traverser le vase, le fond du vase également très étroit, et enfin arriver à l'avant-bras. Mais plus l'accès de cette cachette était semé d'obstacles, plus celle-ci devait être pour d'autres oiseaux impénétrable. M. Lescuyer constata alors que la femelle travaillait seule à l'édification du nid, en apportant dans la statue : de la mousse, des fibres de feuilles sèches, de la filasse provenant de l'écorce des arbres, etc., pendant que le mâle, perché sur un paulonia qui lui servait d'observatoire, chantait à gorge déployée, prêt à donner l'alarme en cas de danger.

Le 1er juin, à cinq heures du matin, M. Lescuyer vit

apparaitre au sommet de sa statue dix jolies petites Mésanges, qui vinrent grossir le nombre des éliminateurs de sa propriété et lui rendirent les plus signalés services.

A la même époque, M. Chevassu possédait aussi dans son jardin un ménage de Mésanges bleues ; il s'était imaginé de faire son nid dans le tuyau d'une pompe hors de service et abandonnée. Les conjoints pénétraient par l'orifice supérieur, descendaient jusqu'à la soupape, où ils avaient placé leur nid, et ressortaient par le tuyau destiné à projeter l'eau au dehors, pour aller vaquer à leurs opérations extérieures.

Pour prévenir tout accident de la part de ses enfants, M. Chevassu avait pris le soin de condamner le balancier en l'attachant solidement au corps de pompe.

De même que chez M. Lescuyer, deux pontes successives furent menées à bien pendant la même année ; en sorte que les potagers des deux honorables personnes que je viens de nommer, grâce à ce renfort, purent être purgés d'une multitude d'insectes qui, sans les Mésanges, auraient causé de sérieux et irréparables ravages.

BUTALIS GRIS — *BUTALIS GRISOLA*

BOIE EX LINN.

Vulg. Gobe-Mouche.

M. Constantin a monté, pour M. l'ingénieur Dornès, qui a l'habitude de passer les vacances de septembre à Montagney, dans la maison de maître des anciennes usines de M. le comte de Mérode, un Gobe-Mouche gris. Il regarde cette capture comme peu commune pour notre zone.

HIRONDELLE RUSTIQUE — *HIRUNDO RUSTICA*

Linn.

Vulg. Hirondelle de cheminée.

Il est arrivé à presque tous les chasseurs au miroir d'alouettes de voir des Hirondelles tournoyer au-dessus d'eux et de leur engin pendant de longs instants, et surtout pendant les jours de gelée blanche du mois d'octobre. Je ne m'étais jamais rendu compte de l'obstination que mettaient ces gracieux êtres à raser mon miroir et à décrire mille cercles plus ou moins étendus autour de ma personne, lorsque M. de Trévillers, en venant m'apporter pour ces notes son contingent d'observations, au mois de février dernier, m'a expliqué cette particularité de la façon la plus plausible.

Pour lui, ce n'est pas la curiosité qui guide l'Hirondelle ; celle-ci, en voletant ainsi, ne cherche qu'une seule chose, à pourvoir à sa nourriture et à saisir les petits insectes et moucherons de toute sorte que le chasseur, le tireur de ficelle et aussi le chien font lever à chaque instant, en se déplaçant autour du miroir.

Les susdits insectes sont fixés le matin aux tiges des plantes qui garnissent encore le terrain à cette époque de l'année ; ils sont comme engourdis par l'effet de la gelée blanche, et ils ne quitteraient pas sûrement leur cachette si une force quelconque ne les obligeait pas à l'abandonner.

Les allées et venues des miroitiers, en foulant les plantes sur lesquelles sont attachés ces insectes, les font bien vite lever ; les messagères du printemps qui n'ont pas encore songé au grand départ profitent de cette manne inattendue, sans laquelle elles pourraient bien mourir de faim.

A l'heure matinale, en effet, où le miroitier opère, il n'y a pas un seul moucheron dans l'air : ce n'est que lorsque le soleil a pompé la rosée du matin, rosée qui paralyse les mouvements des insectes, que ceux-ci secouent leurs ailes encore chargées d'humidité et changent de milieu.

A l'appui de ceci, M. de Trévillers me dit encore qu'un beau jour du mois d'octobre, une bande d'Hirondelles, forte de dix individus, l'avait accompagné durant plusieurs heures, pendant une de ses chasses. Sans nul doute, ces oiseaux, ne trouvant pas d'insectes autour du village de Grattery, s'étaient mis à suivre obstinément le chasseur, dans l'espoir que lui et son chien sauraient bien les tirer de presse.

En cheminant, M. de Trévillers remarquait qu'il faisait fréquemment lever d'assez gros moucherons, que les Hirondelles saisissaient au passage devant lui.

Vers les dix heures du matin, lorsque le soleil commença à devenir chaud, les mêmes hirondelles disparurent comme par enchantement ; à cette heure, les insectes étaient répandus dans les couches aériennes, où elles pouvaient sans difficulté, et sans s'éloigner des lieux qui les avaient vues naître, les découvrir et les chasser tout à leur aise.

PIGEONS

COLOMBE RAMIER — *COLUMBA PALUMBUS*

Linn.

Vulg. Ramier, Pigeon ramier.

Le 24 mars 1891, MM. Blass, en relevant la bécasse au bois de Vanne (lieu dit La-Coupotte), découvrent sur un pin un nid de Ramiers presque achevé ; depuis plusieurs jours, en montant une ligne sur l'un des côtés de laquelle se trouvait un bouquet de pins sylvestres, ils levaient chaque fois deux Ramiers, sans se douter que ces Pigeons avaient déjà édifié un nid, malgré le froid encore assez vif qu'il faisait : lors.

COLOMBE BISET — *COLUMBUS LIVIA*

Briss.

Vulg. Biset.

Le 8 octobre 1890, en faisant mon tour de ville, je vois un de ces petits Pigeons au plumage ardoisé, à la devanture d'un de nos marchands de volailles ; le chasseur qui l'avait apporté le donnait comme ayant été tué près de Grattery.

Ce qui paraît assez singulier, c'est que les quelques Bisets qui ont pu être capturés dans nos environs proviennent tous de ce faible coin de terrain de l'arrondissement de Vesoul compris entre Montigny, Vauchoux, Port-sur-Saône, Charmoille et le hameau de Montoille, points situés entre la Saône et le Durgeon.

Déjà, en 1885, M. Ménestrier en avait détruit plusieurs dans les bois de Grattery ; puis, M. de Trévillers, au mois d'octobre 1888, en avait aperçu une bande de quinze à vingt sujets, sans pouvoir les rejoindre, près de la ferme de l'Hermitage ; en 1890, en automne, il en avait tué un dans la réserve de cette même forêt de Grattery : il était isolé.

GALLINACÉS

PERDRIX ROUGE — *PERDRIX RUBRA*

Briss.

Le 6 août 1890, M. le marquis de Perthuis a bien voulu m'informer qu'une personne de sa connaissance avait constaté qu'une compagnie de Perdrix rouges s'était établie sur le territoire de Chaux-la-Lotière, et paraissait devoir s'y maintenir.

Puisse ce beau gibier ne pas disparaître sous le plomb

des braconniers du pays, et se propager de manière à repeupler notre pauvre département, où la chasse au chien d'arrêt se meurt depuis longtemps !

ÉCHASSIERS

ŒDICNÈME CRIARD — *ŒDICNEMUS CREPITANS* TEMM.

Dans mes notes précédentes (15 décembre 1888), j'avais déjà fait remarquer qu'un nid d'Œdicnémiens avait été trouvé à la ferme des Monnins, près de Dampierre-les-Montbozon ; suivant les bonnes indications de M. Toupot de Béveaux, notre trésorier, plusieurs autres nids auraient été, à différentes reprises, découverts sur le vaste plateau pierreux et embuissonné du mont de Morey.

GUIGNARD DE SIBÉRIE — *MORINELLUS SIBIRICUS* BP. ex LEPECHIN.

Vulg. Pluvier Guignard.

M. Constantin a monté, le 18 septembre 1890, pour M. Dornès, un Pluvier Guignard qu'un de ses fils avait trouvé isolé et tué dans un pré attenant à la ferme de mon père, sur Thieffrans.

Cette capture, d'après M. Constantin, serait rare pour la Haute-Saône. Jamais, paraît-il, mon correspondant n'avait naturalisé de sujets frais, pendant son long séjour à la Faculté des sciences de Besançon. Les peaux sèches qu'il a bourrées provenaient exclusivement des marais avoisinant Nîmes, ou de l'Algérie, où le Guignard est très commun.

On dit cet oiseau très facile à approcher et à tirer ; si le chasseur parvient à blesser un seul individu dans une bande, il peut être certain d'en fusiller bien d'autres. Le gros de la bande, en voyant quelqu'un des siens descendre à terre (tomber au coup de fusil), ne cesse de tournoyer autour de celui-ci, laissant au tireur toute latitude pour choisir ses victimes, qu'il ne doit pas aller ramasser.

COURLIS CENDRÉ — *NUMENIUS ARQUATA*

LATH. ex LINN.

Vulg. Grand-Courlis.

Nous ne voyons guère le Grand-Courlis qu'à la fin de mars et en avril à l'époque de la remonte, et en octobre et novembre, à la descente ; encore ne rencontre-t-on que des individus isolés ou voyageant par paires, qui se montrent excessivement défiants et sont toujours sur le qui-vive.

Le 30 juillet 1891, depuis le chemin de Ferrières, M. Edmond Blass a parfaitement distingué une vingtaine de ces oiseaux qui ont tout le port et le bec arqué de l'ibis ; ils s'ébattaient dans les prés de Ray, au-dessous de lui. En temps permis, il y avait matière à un superbe coup de fusil.

Bien que le Grand-Courlis soit d'un naturel défiant et paraisse peu sociable, il se laisse cependant assez facilement élever, et arrive même à suivre la personne qu'il a l'habitude de voir et qui lui donne sa pâtée journalière.

M. Houette a pu ainsi en apprivoiser un, au point de s'en faire suivre lorsqu'il montait à cheval.

Au régiment, si le corps de musique dont M. Houette faisait partie se mettait en marche, le Courlis marchait aussitôt en tête de la colonne, la précédant de quelques pas ; celle-ci venait-elle à s'arrêter et à former le cercle pour exécuter un morceau, bien vite le palmipède cherchait à se placer au milieu des musiciens, qui étaient ses pourvoyeurs et ses amis.

Il avait été pris, alors qu'il était encore tout jeune, sur

une petite butte, dans les environs du camp de Châlons, où évoluait le corps auquel appartenait M. Houette. Pour ne pas l'endommager, notre professeur, qui tenait beaucoup à sa prise, l'avait glissée dans une des fontes de sa selle ; la tête seule de l'oiseau dépassait cette cage improvisée.

M. Houette garda pendant deux années son Courlis, bien connu de son entourage ; à son départ de Verdun, en 1861, il le remit entre les mains du maître armurier de son régiment, en lui recommandant d'avoir les plus grands soins de son intelligent palmipède.

PÉLIDNE PLATYRHYNQUE — *PELIDNA PLATYRHYNCHA* BP. ex TEMM.

Voici une espèce qui ne figure pas encore dans le catalogue des oiseaux du département ; on en doit la capture à M. Pothelet, de Gray, qui, le 8 octobre 1885, a rencontré fortuitement ce petit échassier entre Neuvelle-les-Champlitte et Frânois, le long de la rivière du Salon.

Le Pélidne habite le nord des Deux-Mondes, et se répand dans presque toute l'Europe à l'époque des migrations ; il est de passage irrégulier en France.

Sa taille est d'environ 14 à 15 centimètres.

CHEVALIER GRIS — *TOTANUS GRISEUS* BECHST. ex BRISS.

Vulg. Chevalier aboyeur.

En août 1890, dans une chasse en barque, sur le Plané, M. Ch. Jeannolle, ancien pharmacien à Saint-Loup, récolte une poule d'eau (vieux mâle), deux râles d'eau et un chevalier aboyeur.

CHEVALIER SYLVAIN — *TOTANUS GLAREOLA*

Temm. ex Linn.

M. Pothelet tue, en mars 1889, un Chevalier sylvain sur la mare du bois de la Vaivre, située au sud-ouest de la ville de Gray.

CREX DES PRÉS — *CREX PRATENSIS*

Bechst.

Vulg. Roi-de-Cailles, Râle de genêt.

En se rendant à notre marché, le 11 novembre 1890, M. Constantin aperçoit dans le panier d'une revendeuse un Roi-de-Cailles tué fraîchement.

A ce moment de l'année, il est plus que rare de trouver sur son chemin semblable gibier.

Il m'a été rapporté que le Crex des Prés avait été exceptionnellement abondant au commencement de l'automne de 1891, et particulièrement à Ray, Charentenay, Vanne, etc.

PORZANE-POUSSIN — *PORZANA MINUTA*

Bp. ex. Pall.

Vulg. Râle-Poussin.

Au mois d'avril 1891, M. Pothelet recueille, en battant l'étang de Cresancey, qui passait autrefois pour être une excellente remise de gibier d'eau, un Râle-Poussin d'une petitesse étonnante et ne dépassant guère le volume d'une alouette ordinaire.

Il en avait déjà tué un, en octobre 1885, entre Margilley et Champlitte-la-Ville, au bord du Salon.

PORZANE-BAILLON — *PORZANA BAILLONII* VIEILL.

Vulg. Râle-Baillon, Poule d'eau Baillon.

Le même chasseur tue, toujours sur l'étang de Cresancey, et dans les derniers jours de mars 1891, deux Râles-Baillon (♂ et ♀). Pour un collectionneur, cela constituait un très joli butin.

BUTOR ÉTOILÉ — *BOTAURUS STELLARIS* STEPH. ex LINN.

Vulg. Grand-Butor.

M. Poutot, de Port-d'Atelier, fait monter, le 3 avril 1891, un Butor étoilé.

Le 23 mars, j'avais reçu de M. de Trévillers, en villégiature à Pin-l'Emagny, un de ces beaux échassiers qui m'était arrivé tout dépouillé.

PALMIPÈDES

CORMORAN ORDINAIRE — *PHALACROCORAX CARBO* LEACH. ex LINN.

Ma collection ornithologique s'est accrue d'un superbe Cormoran ♂ adulte ; je le dois à M. Simonnet, de Gray, qui, en me l'adressant, m'a fait savoir que ce sujet avait été tué, le 17 décembre 1890, à la hutte, sur la Saône et à 3 kilomètres en aval d'Apremont, par un nommé Morel, qui, bien que pratiquant la chasse depuis plus de cinquante années, n'avait jamais tiré un semblable gibier.

Au moment où Morel lâchait son coup de fusil, il y avait quatre Cormorans sur les glaçons que charriait la rivière.

GOELAND CENDRÉ — *LARUS CANUS*

LINN.

Vulg. Mouette aux pieds bleus.

Un pêcheur de Thieffrans, du nom de Broquet, tue, le 8 mars 1891, sur la morte de la Citadelle, un Goëland cendré.

GOËLAND TRIDACTYLE — *LARUS TRIDACTYLUS*

LINN.

A la suite de la forte bourrasque de vent du 24 novembre 1890, un de ces Goëlands (jeune mâle de l'année), vient échouer sur le chemin de l'octroi, entre notre usine à gaz et le moulin à écorces de M. Duseillier. Il est aussitôt ramassé par un employé de l'usine, qui me le fait offrir.

GOËLAND RIEUR — *LARUS RIDIBUNDUS*

LINN.

Le 31 octobre 1891, M. Albert Blass me signale la présence dans les prés de Ray de nombreuses bandes de Mouettes appartenant à cette espèce.

GUIFETTE FISSIPÈDE — *HYDROCHELIDON FISSIPES*

G. R. GRAY ex LINN.

Vulg. Hirondelle de mer épouvantail.

En juillet 1889, M. Pothelet tue sur la Saône, depuis sa barque, une de ces hirondelles de mer, entre Gray et Mantoche.

CYGNE SAUVAGE — *CYGNUS FERUS*

RAY.

Les Cygnes ont émigré en grand nombre pendant le rigoureux hiver de 1890-1891 ; on en a vu presque partout, et bien des chasseurs ont eu la joie d'inscrire sur leur carnet la capture d'un de ces énormes et magnifiques palmipèdes.

Dès les premiers jours de décembre 1890, les frères Olivier, d'Autrey-le-Vay, tuent deux Cygnes.

Le 11 décembre, je vois sur notre marché aux volailles un jeune sujet que l'on me dit venir de Saint-Sulpice, près de Villersexel ; il pesait 15 livres. Après être resté tout le jour accroché à la devanture de l'immeuble de M. Marquiset, sans trouver preneur, il finit par être acheté par M. Marquet, restaurateur, qui l'expose pendant plusieurs jours à l'une des fenêtres de son hôtel, avant de le faire passer sur la table de ses pensionnaires.

Cardot, le piqueur de M. Dumont, négociant à Gray, abat, à 500 mètres en amont d'Apremont (1), un Cygne mesurant 2 mètres d'envergure et 1m14 du bout du bec à celui de la queue. Ce Cygne faisait partie d'une petite bande de quatre oiseaux qui tenait le pays entre Apremont et Gray et était vivement pourchassée de tous côtés.

Le 27 décembre, à neuf heures du soir, à la clarté de la lune, un pêcheur de Port-sur-Saône tue, avec du plomb n° 3, un jeune Cygne ; puis, le lendemain, dès les six heures du matin, un second individu, sur la Saône, à l'endroit où se jette le ruisseau de Cuclos.

La veille, M. Gustave Genoux avait déjà rapporté un Cygne du barrage de Chemilly.

(1) Déjà, le 26 novembre de la même année, M. Claude Guibard, d'Apremont, avait fusillé d'un seul coup de feu, à ce même endroit, deux loutres femelles, dont l'une pesait 10 kilog.

Quelques jours auparant, le 27, M. Petit, de Port-sur-Saône, avait tiré sur un groupe de cinq anatidés qui étaient venus s'abattre sous l'écluse de son moulin.

Le 7 janvier au soir, une bande de douze Cygnes était venue prendre sa nuitée dans les courants qui se trouvent au bas du pont de Tressandans ; c'étaient les seuls endroits de l'Ognon qui ne fussent pas gelés à ce moment.

A peine le jour était-il levé, le lendemain, que la bande était découverte ; au lieu de fuir, elle ne faisait que tournoyer au-dessus des chasseurs qui la traquaient, à une bonne portée de fusil de ceux-ci.

Les pauvres volatiles, dont le vol était très lent, reçurent bientôt une grêle de projectiles qui resta sans effet. Il fallait des balles pour les atteindre ; un homme de Thieffrans courut en chercher au village. Pendant ce temps-là, les Cygnes se divisèrent : le gros de la troupe se porta du côté de Moimay, trois seulement revinrent sur l'Ognon, où un chasseur du nom de Vircondelet les tira, et finit par traverser le cou de l'un d'eux.

Ce fut le chien d'arrêt de M. Auguste Guillemin, mon neveu, qui sortit la bête de l'eau, non sans de grandes difficultés : elle pesait 13 livres.

Le 14 janvier suivant, un de nos charcutiers, M. Baulet, poursuivit pendant toute une soirée un jeune Cygne entre Charmoille et le ruisseau de la Vaugine, sans parvenir à l'aborder.

M. Beaussaint fils, de son côté, tue, le 18, dans la prairie de Montseugny, un de ces palmipèdes qui mesurait $2^{m}45$ d'envergure et pesait 8 kilog. 509.

Quelques jours après, M. Alfred Placet en abattait deux autres sur l'Ognon, à peu de distance du village de Cenans.

Le 25, M. Baulet apercevait encore, entre Villers-le-Sec et le hameau des Belles-Baraques, trois Cygnes qui barbotaient en toute sécurité dans une large flaque d'eau produite par la fonte des neiges.

Enfin, le 7 février, toujours de l'année 1891, le piqueur de M. Dumont capturait, sur la Saône, près d'Apremont, un Cygne adulte, d'une blancheur éblouissante, pesant 10 kilog. et mesurant 1^{m}45 de longueur totale et 2^{m}45 d'envergure.

Cette belle pièce est actuellement déposée au château de Champvans.

CYGNE DE BEWICK — *CYGNUS MINOR*

KEYS. et BLAS. ex PALL.

Cette espèce est plus petite que la précédente ; elle est aussi d'un blanc de neige plus éclatant ; elle habite l'Islande, la Sibérie, et ne se montre de passage en France que durant les hivers très rigoureux.

Le Cygne de Bewick ne figurait pas non plus dans le catalogue de nos oiseaux.

Je n'ai à parler que de deux captures :

Un premier sujet a été tué, le 21 décembre 1891, par un chasseur de Montoille, dans une bande de cinq individus, près du moulin de Montigny-les-Vesoul ; sa taille était de 1^{m}25, son poids de 7 livres. Acheté par M. Laurain, le restaurateur en renom de la rue de l'Aigle-Noir, il est resté exposé plusieurs jours à l'entrée de son hôtel, où j'ai pu l'examiner et en prendre le signalement.

Le même jour, trois de ces oiseaux étaient relevés par un pêcheur, vers onze heures du soir, à la hauteur du village de Montigny ; ils étaient si peu sauvages que le pêcheur les aborda de fort près. En les voyant au posé, sur le Durgeon, il s'imagina un instant avoir devant lui les oies du moulin.

Ce ne fut que lorsque les Cygnes se décidèrent à prendre leur vol que notre homme tira, et fit une victime, qu'il dut achever d'un second coup de feu pour ne pas la perdre.

OIE SAUVAGE — *ANSER SYLVESTRIS*

Briss.

Sans parler des Oies qui ont été apportées à différentes époques sur le marché de Vesoul, je dirai que le sieur Grosmaire, de Charentenay, est arrivé à en abattre cinq dans une bande de trente à quarante qui se tenait sur l'île de Soing, et que trois autres chasseurs, MM. Mennetrier (de Renaucourt), Favey (de Vellexon) et Hareng (de Vaudey) ont aussi tué chacun la sienne dans la même bande, qui avait gagné les prés de Liény, près Vanne.

CHIPEAU BRUYANT — *CHAULELASMUS STREPERA*

G. R. Gray ex Linn.

Vulg. Ridenne.

M. Pothelet tue, en septembre 1885, sur le Salon, un Canard Ridenne, entre Frasnois et Neuvelle-les-Champlitte.

PILET ACUTICAUDE — *DAFILA ACUTA*

Eyton ex Linn.

Vulg. Canard à longue queue.

Cette espèce, qui n'est pas rare, et dont je n'ai pas encore eu occasion de parler, se croise souvent avec le canard sauvage *(anas boschas)*, pour former des métis que de temps en temps on peut rencontrer sur les grands marchés de Paris.

De sa hutte (étangs de Cresancey), M. Pothelet a tué, en avril 1891, un Pilet ♂ adulte qui faisait partie d'une bande de cinq souchets.

FULIGULE MORILLON — *FULIGULA CRISTATA*

STEPH. ex LINN.

La même personne a rapporté d'une seule chasse sur la Saône, en janvier 1891, trois Canards Morillons (dont un mâle et deux femelles).

M. Numa Aillet, maire à Mont-Saint-Léger, fait un joli coup double, le 30 décembre 1890, sur un couple de Morillons, dans le bief du moulin de Lavoncourt.

HARLE BIÈVRE — *MERGUS MERGANSER*

LINN.

Vulg. Grand-Harle.

Avec son bec en forme de scie, sa huppe courte et touffue, ses pieds d'un rouge de corail, ce Harle ne peut être confondu avec aucun autre. Jamais il ne nous arrive en plumage de noces ; presque tous les sujets que l'on tue ici sont des femelles, qui n'ont pas les couleurs éclatantes des mâles.

Le Harle qui, le 8 janvier 1891, était à l'étalage de Mme Grangier était une femelle ; elle provenait de Vallerois-le-Bois, et avait été affûtée sur le ruisseau de la Linotte.

Celui qu'a fait naturaliser M. Louis Charpiot, de Ray-sur-Saône, était du même sexe ; il l'avait surpris en Saône, sur les gravières de Quentrey, le 18 janvier.

Quant au Harle qu'a capturé M. Simonnet, de Gray, le 1er février 1891, également sur la Saône, il l'avait séparé d'une troupe de douze individus qui stationnait près d'Apremont.

PLONGEON CAT-MARIN — *COLYMBUS SEPTENTRIONALIS*

LINN.

Ce Plongeon des mers arctiques, dont la taille atteint de 60 à 62 centimètres, n'a pas paru en 1891, bien qu'on ait signalé sa présence dans plusieurs de nos départements.

En 1889, le 18 décembre, M. Pothelet en a rencontré un sur la Saône, à 200 mètres environ du pont de fil de fer de Gray; il n'a pu s'en rendre maître qu'au cinquième coup de canardière. Il pesait 2 kilog.

P. PETITCLERC.

Membre de la Société géologique de France.

Vesoul, février 1892.

Nota. — Ces lignes étaient écrites, lorsque, le 1er mars dernier, j'ai été informé par un télégramme venu de Rougemont que M. Constantin, dont je me suis plu à citer si souvent le nom et rapporter les observations, venait de mourir à Thieffrans, après une assez longue maladie.

Je ne puis aujourd'hui que m'associer au deuil de sa veuve, et regretter bien vivement la mort de ce modeste savant qui avait beaucoup vu, beaucoup observé, et connaissait à fond les mœurs et habitudes de tous nos oiseaux.

Je perds en lui un correspondant très assidu, un véritable maître en l'art de la taxidermie, que je consultais avec plaisir chaque fois que l'occasion s'en présentait.

M. Constantin, François-Antoine, ancien préparateur et conservateur du Musée d'histoire naturelle de Besançon, n'avait que soixante-quatre ans. Il laisse des collections ornithologiques importantes qui, à elles seules, pourraient former le noyau d'un musée de petite ville; il lui manquait fort peu de pièces pour avoir la série très complète des oiseaux du département.
